Mischa Heißmann

Formelsammlung

Mathematik

Grundschule – Mittelschule – zu Hause

3. überarbeitete und ergänzte Auflage

Bibliografische Information der Deutschen Nationalbibliothek: Die Deutsche Nationalbibliothek verzeichnet diese Publikation in der Deutschen Nationalbibliografie; detaillierte bibliografische Daten sind im Internet über dnb.dnb.de abrufbar.

3. überarbeitete und ergänzte Auflage

Herstellung und Verlag: BoD – Books on Demand, Norderstedt

ISBN: 9783750499027

1 Vorwort

Vieles muss man in der Schule für das Leben lernen. In der Mathematik sind es Formeln und Rechenregeln, die man immer und immer wieder anwenden muss. Aber dann folgt auf Bruchrechnen plötzlich Geometrie und dann kommt plötzlich Prozentrechnen. Dass man da mal die eine oder andere Formel oder Regel vergisst, kann passieren.
Mit der Formelsammlung für die Mittelschule sind alle wichtigen Formeln, Rechenregeln und Erklärungen auf einem Blick und - nach Themen geordnet - schnell gefunden.
Ein idealer Begleiter für den Unterricht, für die Hausaufgaben und auch für das tägliche Leben.

2 Benennungen und Rechenregeln

2.1 Benennungen

Addition (Plusrechnen)

$$1.\,Summand + 2.\,Summand = Summe$$

Subtraktion (Minusrechnen)

$$Minuend - Subtrahend = Wert\ der\ Differenz$$

Multiplikation (Malnehmen)

$$1.\,Faktor \bullet 2.\,Faktor = Produkt$$

aber auch

$$Multiplikator \bullet Multiplikant = Produkt$$

Division (Teilen)

$$Dividend : Divisor = Wert\ des\ Quotienten$$

2.2 Weitere Symbole in der Mathematik

VERGLEICHEN

$<$	kleiner als *merke: kannst du aus der Spitze ein k machen, ist es „kleiner“*
$>$	größer als
$=$	ist gleich
$\neq$	ist nicht gleich / ungleich
$\approx$	ist ungefähr

2.3 Rechengesetze

Merksatz

Präge dir folgenden Merksatz gut ein.

Die Klammer sprach: „Zuerst komm ich!“

Und rechne stets nur Punkt vor Strich!

Kommutativgesetz (Vertauschungsgesetz)

Bei einer Addition und einer Multiplikation dürfen die einzelnen Teile des Terms vertauscht werden.

$$a + b = b + a$$

$$a \cdot b = b \cdot a$$

Gilt **NICHT** für die Subtraktion und Division!

Assoziativgesetz (Klammergesetz)

Bei einer Addition und einer Multiplikation dürfen die Klammern beliebig gesetzt werden, um die Berechnung zu vereinfachen

$$(a + b) + c = a + (b + c)$$

$$(a \cdot b) \cdot c = a \cdot (b \cdot c)$$

Gilt **NICHT** für Subtraktion und Division!

Beispiel

$$(13 + 25) + 5 = 13 + (25 + 5)$$

Hier ist 25 + 5 leichter zu rechnen und die Klammer kann dorthin verschoben werden.

Distributivgesetz (Verteilungsgesetz)

Beim Distributivgesetz können die Teile der Addition oder Subtraktion in einer Klammer auf die Multiplikation davor oder danach verteilt werden.

Beispiele

$$3 \cdot (10 + 6) = 3 \cdot 10 + 3 \cdot 6 = 48$$

$$3 \cdot (10 - 6) = 3 \cdot 10 - 3 \cdot 6 = 12$$

oder auch

$$(10 + 6) \cdot 3 = 10 \cdot 3 + 6 \cdot 3 = 48$$

$$(12 - 6) : 3 = 12 : 3 - 6 : 3 = 6$$

Achtung! Gilt auch für Division, aber nur, wenn diese nach der Klammer steht.

$$(12 + 6) : 3 = 12 : 3 + 6 : 3 = 6$$

aber Vorsicht:

$$30 : (15 - 5) \neq 30 : 15 - 30 : 5$$

2.4 Zahlenräume

Natürliche Zahlen $\mathbb{N}$

Definition

- Die **natürlichen Zahlen** sind die beim Zählen verwendeten Zahlen 1, 2, 3, 4, 5, 6, 7, 8, 9, 10 usw.
- Das Zeichen ist $\mathbb{N}$
- Zählt man die Null hinzu, schreibt man $\mathbb{N}_0$

Formel

$$\mathbb{N} = \{1; 2; 3; 4; 5; \dots\}$$

$$\mathbb{N}_0 = \{0; 1; 2; 3; 4; 5; \dots\}$$

Ganze Zahlen $\mathbb{Z}$

Definition

- Die **ganzen Zahlen** sind eine Erweiterung der natürlichen Zahlen mit Null $\mathbb{N}_0$ und enthalten auch die negativen Zahlen.
- Das Zeichen ist $\mathbb{Z}$

Formel

$$\mathbb{Z} = \{\dots; -5; -4; -3; -2; -1; 0; 1; 2; 3; 4; 5; \dots\}$$

Auf dem Zahlenstrahl

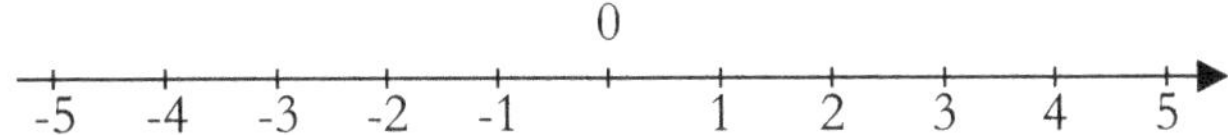

Stehen die Zahlen weiter links, sind sie kleiner, stehen sie weiter rechts sind sie größer.

Beispiel

-5; 3: -5 steht auf dem Zahlenstrahl weiter links als die 3. Darum gilt:

$$-5 < 3$$

RATIONALE ZAHLEN ℚ

- Rationale Zahlen sind Zahlen, die zwei ganze Zahlen in ein Verhältnis setzen (von lat. ratio = Verhältnis).
- Vereinfacht ausgedrückt: **rationale Zahlen sind Brüche mit ganzen Zahlen**.
- Das Zeichen ist ℚ

Beispiele

$$\frac{1}{2}; \frac{3}{5}; \frac{2}{1} (= 2)$$

Definition

Die **reellen Zahlen** sind alle Zahlen, die sowohl → rationale Zahlen sind als auch irrationale Zahlen. Irrationale Zahlen sind alle Zahlen, die man nicht mit einem Bruch darstellen kann. So eine Zahl ist zum Beispiel $\sqrt{2}$, denn diese kann man nie 100% genau als (Dezimal-)Bruch darstellen. Die Zahl π gehört auch zu den irrationalen Zahlen.

Beispiele

$$\sqrt{2} \approx 1{,}4141$$

$$\pi \approx 3{,}141$$

2.5 Primzahlen $\mathbb{P}$

Primzahlen sind Zahlen, die man nur durch 1 und durch sich selber teilen kann. Bis auf die 2 sind alle Primzahlen ungerade. Die 1 ist keine Primzahl.

Die ersten Primzahlen bis 200

2, 3, 5, 7, 11, 13, 17, 19, 23, 27, 29, 31, 37, 41, 43, 47, 53, 59, 61, 67, 71, 73, 79, 83, 89, 97, 101, 103, 107, 109, 113, 127, 131, 139, 149, 151, 157, 163, 167, 173, 179, 181, 191, 193, 197, 199

2.6 Primfaktoren

Definition

Jede ganze Zahl (außer Primzahlen) kann in Primzahlen zerlegt werden. Diese Primzahlen werden Primfaktoren genannt.

Beispiel

Die Zahl 45 kann in die Primzahlen: $5 \cdot 3 \cdot 3$ *zerlegt werden.*

Die Zahl 12 wird in die Primzahlen $3 \cdot 2 \cdot 2$ *zerlegt.*

2.7 Teilbarkeiten

1. Jede Zahl ist durch 1 teilbar.

2. Eine Zahl ist durch 2 teilbar, wenn sie auf 0, 2, 4, 6 oder 8 endet.

3. Eine Zahl ist durch 3 teilbar, wenn Ihre Quersumme durch 3 teilbar ist.
   $$111 \rightarrow 1+1+1=3 \rightarrow 111 \textit{ ist durch } 3 \textit{ teilbar}$$

4. Eine Zahl ist durch 4 teilbar, wenn die letzten beiden Ziffern der Zahl durch 4 teilbar ist.
   $$512 \rightarrow 12:4=3 \rightarrow 512 \textit{ ist durch } 4 \textit{ teilbar}$$

5. Eine Zahl ist durch 5 teilbar, wenn die letzte Ziffer eine 0 oder eine 5 ist.

6. Eine Zahl ist durch 6 teilbar, wenn sie durch 2 und durch 3 teilbar ist.

7. Für die 7 gibt es keine Regel.

8. Eine Zahl ist durch 8 teilbar, wenn die letzten drei Ziffern durch 8 teilbar sind.
   $$3848 \rightarrow 848:8=106 \rightarrow 3848 \textit{ ist durch } 8 \textit{ teilbar}$$

9. Eine Zahl ist durch 9 teilbar, wenn deren Quersumme durch 9 teilbar ist.
   $$666 \rightarrow 6+6+6=18 \rightarrow 18:9=2$$
   $$\rightarrow 666 \textit{ ist durch } 9 \textit{ teilbar}$$

10. Eine Zahl ist durch 10 teilbar, wenn sie auf 0 endet.

2.8 Kleinstes gemeinsames Vielfaches (kgV)

Definition

Das kleinste gemeinsame Vielfache von zwei oder mehr Zahlen ist die kleinste Zahl, die gleichzeitig Vielfaches all dieser Zahlen ist.

Berechnung

Zuerst müssen alle Zahlen in ihre Primfaktoren zerlegt werden. Dann werden von der ersten Zahl alle Primfaktoren multipliziert. Von der zweiten und allen weiteren Zahlen nimmt man nur noch die Primfaktoren, die bei den vorherigen Zahlen noch nicht verwendet wurden und multipliziert diese weiter.

Beispiel

Was ist das kgV von 4, 6, 8 und 12?

$4 = \boxed{2 \cdot 2}$ $\qquad 8 = 2 \cdot 2 \cdot \boxed{2}$

$6 = 2 \cdot \boxed{3}$ $\qquad 12 = 2 \cdot 2 \cdot 3$

Wir brauchen jetzt von der 4 die 2•2, von der 6 nur noch die 3, weil die Zwei ja schon in 2•2 enthalten ist. Von der 8 nehmen mir uns noch eine 2, weil wir ja schon zwei davon genommen haben. Von der 12 ist alles schon da. Somit haben wir jetzt die Formel

$$kgV = 2 \cdot 2 \cdot 3 \cdot 2 = 24$$

2.9 größter gemeinsamer Teiler (ggT)

Definition

Der größte gemeinsame Teiler (ggT) von zwei und mehr Zahlen ist die größte Zahl, mit der man alle gewählten Zahlen teilen kann.

GGT DURCH HERAUSFINDEN

Regel

Alle gewählten Zahlen werden in ihre möglichen Teiler zerlegt und diese miteinander verglichen. Der größte Teiler, der bei allen Zahlen vorkommt, ist der ggT.

Beispiel

Der ggT von 12, 36 und 48 soll gefunden werden.

Alle Teiler von 12: 1, 2, 3, 4, 6, 12

Alle Teiler von 36: 1, 2, 3, 4, 6, 9, 12, 18, 36

Alle Teiler von 48: 1, 2, 3, 4, 6, 8, 12, 16, 24, 48

Der größte Teiler, der bei allen vorkommt, ist die 12.

Regel

Mit Hilfe der Primfaktorzerlegung (→ Primfaktoren) kann der ggT ebenfalls herausgefunden werden. Diese Methode eignet sich besonders für große Zahlen.
Hierbei werden die Zahlen in ihre Primfaktoren zerlegt und der ggT ist das Produkt aller gemeinsam vorkommenden Primfaktoren.

Beispiel

ggT (168, 180, 396)

$$168 = \boxed{2 \cdot 2} \cdot 2 \cdot \boxed{3} \cdot 7$$
$$180 = \boxed{2 \cdot 2} \cdot 3 \cdot \boxed{3} \cdot 5$$
$$396 = \boxed{2 \cdot 2} \cdot 3 \cdot \boxed{3} \cdot 11$$

der ggT ist also

$$2 \cdot 2 \cdot 3 = 12$$

2.10 Runden

Regel

Es wird immer der vorherige Stellenwert betrachtet und nach folgender Regel gerundet.

$$0; 1; 2; 3; 4 \rightarrow abrunden$$

$$5; 6; 7; 8; 9 \rightarrow aufrunden$$

Runden auf Zehner

Es wird der Einer betrachtet und nach der Regel gerundet.

$$2\mathbf{4} \rightarrow abrunden\ auf\ 20$$

$$2\mathbf{6} \rightarrow aufrunden\ auf\ 30$$

Runden auf Hunderter

Es wird der Zehner betrachtet und nach der Regel gerundet.

$$3\mathbf{7}5 \rightarrow aufrunden\ auf\ 400$$

$$3\mathbf{3}3 \rightarrow abrunden\ auf\ 300$$

Runden auf Tausender

Es wird der Hunderter betrachtet und nach der Regel gerundet.

$$4\mathbf{5}21 \rightarrow aufrunden\ auf\ 5000$$

$$7\mathbf{3}99 \rightarrow abrunden\ auf\ 7000$$

3 Bruchrechnen

$$\frac{2}{3} \quad \frac{Zähler}{Nenner}$$

Tipp

Bruchrechnen ist im Grunde nichts anderes als eine Division (Geteiltrechnen). Es wird der Zähler durch den Nenner geteilt. Da das Ergebnis allerdings oftmals als Kommazahl nicht genau ist, schreibt man es als Bruch.

Beispiel

$\frac{1}{2} = 1:2 = 0{,}5$ *(das lässt sich noch leicht darstellen)*

$\frac{1}{3} = 1:3 = 0{,}3333333333333333\ldots$

(es gibt auf der ganzen Welt nicht so viel Papier, wie man bräuchte, um alle 3er nach dem Komma aufzuschreiben.)

Hier ist die Schreibweise $\frac{1}{3}$ nicht nur genau sondern richtig.

Wichtig

Ein Bruch ist eine richtige Zahl und nicht nur eine besondere Schreibweise.

3.1 Kehrwert eines Bruches

Regel

Beim Kehrwert eines Bruches werden „nur“ Zähler und Nenner miteinander vertauscht.

Beispiel

$$\frac{7}{8} \to \frac{8}{7}$$

3.2 Echter und unechter Bruch

Echter Bruch

Regel

Ist der Nenner größer als der Zähler, spricht man von einem echten Bruch

Beispiel

$$\frac{3}{5}\ oder\ \frac{1}{2}$$

Unechter Bruch

Regel

Ist der Nenner kleiner als oder gleichgroß wie der Zähler, spricht man von einem unechten Bruch.

Beispiel

$$\frac{7}{5}\ oder\ \frac{4}{4}$$

3.3 Gemischte Brüche (auch: gemischte Zahlen)

UNECHTEN BRUCH IN GEMISCHTEN BRUCH UMWANDELN

Regel

Brüche, bei denen der Zähler größer oder gleich dem Nenner ist, kann man auch als gemischte Brüche darstellen. Dabei wird der Zähler mit Rest durch den Nenner dividiert. Die Ganzzahl steht dann vor dem Bruch, der Rest bildet den neuen Zähler.

Beispiel

$$\frac{17}{3}$$

17 : 3 = 5 Rest 2. Damit ergibt sich als gemischter Bruch $5\frac{2}{3}$

Regel

Gemischte Brüche werden in unechte Brüche umgewandelt, indem man die Ganzzahl mit dem Nenner multipliziert und das Ergebnis zum Zähler hinzuaddiert.

Beispiel

$$3\frac{5}{8}$$

Wir rechnen:

Den Nenner so oft wie die Ganzzahl (3 • 8 = 24)

zum Zähler hinzuaddieren (24 + 5 = 29)

$$3\frac{5}{8} = \frac{29}{8}$$

3.4 Brüche erweitern

Regel

Zwei Brüche werden so verändert, dass sie denselben Nenner haben. Dabei werden die Nenner auf das kleinste gemeinsame Vielfache (kgV) „erweitert".

Die Zähler verändern sich dabei um denselben Faktor wie der jeweilige Nenner.

Beispiel

$$\frac{2}{3} \text{ und } \frac{3}{5}$$

1. *kgV von 3 und 5 = 15 (Trick: wer den kgV nicht findet, einfach beide Nenner malnehmen)*
2. *Dann die Zähler mit derselben Zahl malnehmen, mit der man den Nenner erweitert hat.*
3. *Beispiel:*

$$\frac{2\,(\cdot 5)}{3\,(\cdot 5)} = \frac{10}{15} \;\mid\; \frac{3\,(\cdot 3)}{5\,(\cdot 3)} = \frac{9}{15}$$

3.5 Brüche kürzen

Regel

Ein oder mehrere Brüche werden so verändert, dass Zähler und Nenner gemeinsam um denselben Wert kleiner werden. Damit sind Brüche zum einen leichter zu lesen und man kann einfacher mit ihnen weiterrechnen.

Tipp

Es wird der größte gemeinsame Teiler (ggT) von Zähler und Nenner gesucht und beide dann damit geteilt.

Beispiele

$$\frac{12}{36}$$

der ggT von Zähler und Nenner ist die 12 selber. Daher sind $\frac{12}{36}$ *mit 12 gekürzt* $\frac{12:12}{36:12} = \frac{1}{3}$

$$\frac{35}{45}$$

der ggT von Zähler und Nenner ist die 5 →

$$\frac{35:5}{45:5} = \frac{7}{9}$$

3.6 Brüche addieren und subtrahieren

Regel

Zwei oder mehrere Brüche addiert man, indem erst alle Brüche so erweitert werden, dass alle denselben Nenner haben. Danach werden alle Zähler addiert.
Kürzen nicht vergessen!

Beispiel

$$\frac{2}{3}+\frac{5}{7}=\frac{14}{21}+\frac{15}{21}=\frac{29}{21}=1\frac{8}{21}$$

$$\frac{7}{8}-\frac{4}{9}=\frac{63}{72}-\frac{32}{72}=\frac{31}{72}$$

Tipp

Um nicht lange den notwendigen Wert für das Erweitern zu suchen, kann man auch die beiden Nenner miteinander multiplizieren. Danach multipliziert man die Zähler immer mit dem Nenner des anderen Bruchs.

$$\frac{2}{3}+\frac{5}{7}$$

Es wird somit jeder der Brüche mit dem Nenner des anderen erweitert.

3.7 Brüche multiplizieren

Regel

Zwei Brüche werden miteinander multipliziert, indem man rechnet:

$$\frac{Zähler \cdot Zähler}{Nenner \cdot Nenner}$$

Danach eventuell das Kürzen nicht vergessen!

Beispiel

$$\frac{1}{2} \cdot \frac{2}{3} = \frac{1 \cdot 2}{2 \cdot 3} = \frac{2}{6} = \frac{1}{3}$$

3.8 Brüche dividieren

Regel

Zwei Brüche werden miteinander dividiert, indem man den ersten Bruch mit dem Kehrwert *(s. 3.1 Kehrwert eines Bruches - S. 18)* des zweiten Bruchs multipliziert.

Kürzen nicht vergessen! Gegebenenfalls in einen gemischten Bruch umwandeln.

Beispiel

$$\frac{5}{6} : \frac{3}{8} = \frac{5}{6} \cdot \frac{8}{3} = \frac{5 \cdot 8}{6 \cdot 3} = \frac{40}{18} = 2\frac{4}{18} = 2\frac{2}{9}$$

3.9 Rechnen mit gemischten Zahlen

Regel

Für das Rechnen mit gemischten Zahlen gelten dieselben Regeln wir für echte Brüche.

1. alle gemischten Zahlen in unechte Brüche umwandeln.
2. Bei Addition und Subtraktion erweitern.
3. Ergebnis berechnen
4. Das Ergebnis prüfen
5. Unechte Brüche wieder in eine gemischte Zahl umwandeln und gegebenenfalls kürzen.

Beispiel

$$5\frac{3}{8} + 1\frac{2}{5}$$

1. *Umwandeln:* $\frac{43}{8} + \frac{7}{5}$
2. *Rechnen:*
   a. *Erweitern:* $\frac{215}{40} + \frac{56}{40}$
   b. *Addieren:* $\frac{272}{40}$
3. *Wieder umwandeln:* $6\,\frac{32}{40}$
4. *Kürzen (hier mit 8):* $6\,\frac{4}{5}$

4 Rechnen mit negativen Zahlen

4.1 Schreibweise von negativen Zahlen

Regel

1. Negative Zahlen haben ein Minus-Zeichen vorangestellt (Vorzeichen).
2. Um dieses Vorzeichen von den Rechenzeichen zu unterscheiden, wird die Zahl mit dem Vorzeichen im Term in Klammern gesetzt.

Beispiele

$$-4$$

$$3 - (-4)$$

$$-3 - (-4)$$

$$-3 + (-4)$$

$$(-3) \cdot (-4)$$

4.2 Addition und Subtraktion

Regel

Für den Zahlenraum der ganzen Zahlen $\mathbb{Z}$ kann das Kommutativgesetz immer angewendet werden, vorausgesetzt, die Vorzeichen werden mitgenommen.

$$a + b = b + a$$

$$+a - b = -b + a$$

Beispiele

$$9 - 4 = 5$$

$$-4 + 9 = 5$$

Zusammenhang von Summanden und Summe

4.3 Multiplikation und Division

Regeln

$$+ \cdot + = +$$

$$+ \cdot - = -$$

$$- \cdot + = -$$

$$- \cdot - = +$$

Beispiele

$$5 \cdot 6 = 30$$

$$5 \cdot -6 = -30$$

$$-5 \cdot 6 = -30$$

$$-5 \cdot -6 = 30$$

5 Quadratzahlen und Wurzeln

Wurzeln ziehen nicht nur Zahnärzte und Zahnärztinnen, sondern auch in der Mathematik muss nicht nur die ein oder andere Nuss geknackt, sondern auch mal eine Wurzel gezogen werden.

Das ist aber nur halb so schlimm, wie es sich anhört. Wie Minus das Gegenteil von Plus, Geteilt das Gegenteil von Malnehmen ist, so ist das Wurzelziehen das Gegenteil vom Potenzieren.

5.1 Potenzieren

Definition

Das Potenzieren ist eine verkürzte Schreibweise für häufiges Malnehmen derselben Zahl.

$$2 \cdot 2 \cdot 2 \cdot 2 \cdot 2 \cdot 2 = 2^6$$

Begriffe

$$2^4 = 16$$

$$Basis^{Exponent} = Potenzwert$$

Regeln

1. Ist die Basis negativ und der Exponent gerade, ist das Ergebnis positiv.

$$(-2)^4 = (-2) \cdot (-2) \cdot (-2) \cdot (-2) = 16$$

2. Ist die Basis negativ und der Exponent ungerade, ist das Ergebnis negativ.

$$(-2)^3 = (-2) \cdot (-2) \cdot (-2) = -8$$

5.2 Wurzelziehen

Definition

Unter Wurzelziehen (Radizieren) versteht man das Herausfinden der Basis.

$$5^2 = 25 \rightarrow \sqrt[2]{25} = 5$$

$$5^3 = 125 \rightarrow \sqrt[3]{125} = 5$$

Regeln

1. Für $\sqrt[2]{n}$ schreibt man auch vereinfacht $\sqrt{n}$, wobei n jede beliebige positive Zahl sein kann.
2. Eine Wurzel kann NICHT aus einer Zahl < 0 gezogen werden. $\sqrt{-25}$ geht nicht!
3. Das Ergebnis einer Quadratwurzel ist immer der Betrag und kann somit positiv als auch negativ sein.
   $$6^2 = 36 \; aber \; auch \; (-6)^2 = 36$$
   $$\rightarrow \sqrt{36} = |6|$$

Begriffe

$$\sqrt[Wurzelexponent]{Radikant} = |Betrag\ von \ldots|$$

5.3 Die Quadratzahlen bis 20

$$1^2 = 1 \cdot 1 = 1$$
$$2^2 = 2 \cdot 2 = 4$$
$$3^2 = 3 \cdot 3 = 9$$
$$4^2 = 4 \cdot 4 = 16$$
$$5^2 = 5 \cdot 5 = 25$$
$$6^2 = 6 \cdot 6 = 36$$
$$7^2 = 7 \cdot 7 = 49$$
$$8^2 = 8 \cdot 8 = 64$$
$$9^2 = 9 \cdot 9 = 81$$
$$10^2 = 10 \cdot 10 = 100$$

$$11^2 = 11 \cdot 11 = 121$$
$$12^2 = 12 \cdot 12 = 144$$
$$13^2 = 13 \cdot 13 = 169$$
$$14^2 = 14 \cdot 14 = 196$$
$$15^2 = 15 \cdot 15 = 225$$
$$16^2 = 16 \cdot 16 = 256$$
$$17^2 = 17 \cdot 17 = 289$$
$$18^2 = 18 \cdot 18 = 324$$
$$19^2 = 19 \cdot 19 = 361$$
$$20^2 = 20 \cdot 20 = 400$$

5.4 Rechnen mit Potenzen

Multiplikation mit gleichen Basen (Grundwerten)

Regel

Werden zwei Potenzen mit gleicher Basis miteinander multipliziert, werden die Exponenten addiert.

$$a^n \cdot a^m = a^{n+m}$$

Beispiel

$$2^3 \cdot 2^4 = 2^7$$

denn

$$2^3 \cdot 2^4 = (2 \cdot 2 \cdot 2) \cdot (2 \cdot 2 \cdot 2 \cdot 2) = 2^7$$

Division mit gleichen Basen (Grundwerten)

Regel

Werden zwei Potenzen mit gleicher Basis miteinander dividiert, so werden die Exponenten subtrahiert.

$$a^m : a^n = a^{m-n}$$

Beispiel

$$2^6 : 2^4 = 2^{6-4} = 2^2$$

als Bruch dargestellt und gekürzt: $\frac{2^6}{2^4} = \frac{\cancel{2} \cdot \cancel{2} \cdot \cancel{2} \cdot \cancel{2} \cdot 2 \cdot 2}{\cancel{2} \cdot \cancel{2} \cdot \cancel{2} \cdot \cancel{2}} = 2 \cdot 2 = 2^2$

5.5 Zehnerpotenzen

Definition

Zehnerpotenzen sind vereinfachte Schreibweisen für besonders große oder besonders kleine Werte.

1. Ist der Exponent größer als 0, entspricht dies dem n-fachen Malnehmen mit 10.

$$10^3 = 1 \cdot 10 \cdot 10 \cdot 10 = 1000$$

2. Ist der Exponent kleiner als 0, entspricht dies dem n-fachen Teilen durch 10.

$$10^{-3} = 1:10:10:10 = 0{,}001$$

Schreibweise

$$n \cdot 10^{(-)m}$$

Beispiele

$$1Lichtjahr \approx 9{,}46 \cdot 10^{12} km \approx 9.460.000.000.000 km$$

$$1\mu m = 1 \cdot 10^{-6} m = 0{,}000001 m$$

Informationen zum Urknall:

Innerhalb von 10^{-30} Sekunden kühlte das Universum von 10^{32} Kelvin auf 10^{25} Kelvin ab und dehnte sich um den Faktor 10^{30} aus.*

---

* 0 Kelvin = -273,15°C

6 Prozentrechnen

Prozent kommt aus dem Lateinischen und heißt übersetzt „von 100“. Die Idee dahinter ist, dass man alles auf der Welt und im ganzen Universum in 100 gleichgroße Teile zerlegen kann und man sich von diesen 100 gleichgroßen Teilen eine bestimmte Anzahl nimmt.

Das Zeichen für Prozent ist %

Prozent ist dasselbe wie der Bruch $\frac{n}{100}$.

20% ist also dasselbe wie $\frac{20}{100}$ *und somit dasselbe wie 0,2.*

Beispiel

Ich habe 100 Bonbons. 35 davon haben Zitronengeschmack, 29 schmecken nach Erdbeere und 36 haben den Geschmack von Äpfeln.
Damit kann man auch sagen:
35% haben Zitronengeschmack,
29% haben Erdbeergeschmack und
36% haben Apfelgeschmack.

6.1 Benennungen

Grundwert

Definition

Der Grundwert ist die Gesamtzahl von dem ein Anteil weggenommen wurde. Das Symbol ist G.

Beispiel

Ich nehme mir 2 Äpfel von 100, dann ist 100 der Grundwert.

Prozentsatz

Definition

Der Prozentsatz ist das Verhältnis von weggenommenem Anteil zum Gesamten. Er ist die Zahl, die vor dem %-Zeichen steht. Das Symbol ist p.

Beispiel

Ich nehme mir 2% von 100 Äpfeln. Dann ist 2% der Prozentsatz.

Definition

Der Prozentwert ist der Anteil von den 100, der weggenommen wurde. Das Symbol ist *P* (in manchen Schulbüchern auch *W*)

Beispiel

Ich nehme mir 2 Äpfel von 100, dann ist 2 der Prozentwert.

6.2 Rechnen mit Prozent

Prozentsatz errechnen

Formel

$$p = \frac{P}{G}$$

Beispiel

Im Laden gibt es 300 Eier zu kaufen. Du kaufst 12 Eier. Wie viel Prozent sind das?

$$p = \frac{12}{300} = 0{,}04 = 4\%$$

Prozentwert errechnen

Formel

$$P = G \cdot p$$

Beispiel

Im Laden gibt es 300 Eier zu kaufen. Du kaufst 4% davon. Wie viele sind das?

$$P = 300 \cdot 4\% = 300 \cdot 0{,}04 = 12$$

Grundwert errechnen

Formel

$$G = \frac{P}{p}$$

Beispiel

Du hast 12 Eier gekauft. Das sind 4% der Eier, die vorher noch im Laden waren. Wie viele Eier waren im Laden?

$$G = \frac{12}{4\%} = \frac{12}{0{,}04} = 300$$

Differenzen errechnen

$$Prozentwert\ A - Prozentwert\ B = Prozentpunkte$$

Beispiel

Die Regierung senkt die Mehrwertsteuer von 16% auf 8%.

$$16\% - 8\% = 8\ Prozentpunkte$$

Die Mehrwertsteuer wird um ***8 Prozentpunkte*** *gesenkt.*

Aber:

$$p = \frac{P}{G} \rightarrow \frac{8\%}{16\%} = \frac{1}{2} = 0{,}5 = 50\%$$

Die Mehrwertsteuer wird um ***50%*** *gesenkt.*

6.3 Promille

Definition

Promille kommt aus dem Lateinischen und heißt übersetzt „je 1000“. Die Idee dahinter ist, dass man alles auf der Welt und im ganzen Universum in 1000 gleichgroße Teile zerlegen kann und man sich von diesen 1000 gleichgroßen Teilen eine bestimmte Anzahl nimmt.

Das Zeichen für Promille ist ‰

Promille ist dasselbe wie der Bruch $\frac{n}{1000}$.

Beispiel

20‰ ist also dasselbe wie $\frac{20}{1000}$ *und somit dasselbe wie 0,02.*

$$1\% = 10‰$$

$$1‰ = 0{,}1\%$$

7 Zinsrechnung

Wer Geld bei der Bank leiht, muss dafür eine Gebühr bezahlen. Diese Gebühr ist von zwei Faktoren abhängig:

1. Höhe der geliehenen Summe
2. Dauer, wie lange man das Geld zurückzahlen kann

Dasselbe gilt auch, wenn man Geld bei der Bank oder Versicherung anlegt.

1. Höhe der angelegten Summe
2. Dauer des Anlagezeitraums

Begriffe und Symbole

- Anfangskapital: K_0
- Endkapital: K_n
- Laufzeit: n
  (i.d.R. 1 Jahr; p.a. = per annum = pro Jahr)
- Zinssatz (in Prozent): p
- Zinssatz als Zinsfaktor: $q = 1 + \frac{p}{100}$
- Zinsen: Z

7.1 Berechnung der Zinsen

Formel

$$Zinsen = \frac{Anfangskapital \cdot Zinssatz \cdot Laufzeit}{100}$$

$$Z = \frac{K \cdot p \cdot n}{100}$$

Beispiele

Wie viel Zinsen erhält man in einem Jahr für 2500€ bei 4% Zinssatz?

$$Z = \frac{2500€ \cdot 4 \cdot 1}{100} = 100€$$

Wie viel Zinsen erhält man in 4,5 Jahren für 2000€ bei 3% Zinssatz?

$$Z = \frac{2000 \cdot 3 \cdot 4{,}5}{100} = 270€$$

7.2 Berechnung des Kapitals

Formel

$$Kapital = \frac{100 \cdot Zinsen}{Zinssatz}$$

$$K = \frac{100 \cdot Z}{p}$$

Beispiel

Welches Kapital bringt bei einem Zinssatz von 4% jährlich 200€ Zinsen?

$$K = \frac{100 \cdot 200€}{4} = 5000€$$

7.3 Berechnung des Zinssatzes

Formel

$$Zinssatz = \frac{Zinsen \cdot 100}{Kapital}$$

$$Z = \frac{p \cdot 100}{K}$$

Beispiel

Zu welchem Zinssatz muss man 900€ anlegen, um im Jahr 36€ zu erhalten?

$$Z = \frac{36€ \cdot 100}{900} = 4\%$$

7.4 Zinseszins

Problemstellung

Wenn man ein Ausgangskapital von 10.000 € bei der Bank für einen Zinssatz von 3,4% mit einer Laufzeit von 5 Jahren anlegt, erhält man im ersten Jahr 340 €, im zweiten Jahr ist das schon ein wenig mehr, weil das Kapital ja schon auf 10.340 € angestiegen ist. Die Zinsen im zweiten Jahr betragen dann schon 351,56 €. Das Kapital betrüge im zweiten Jahr 10.691,56 €. Will man das für eine längere Laufzeit ausrechnen, müsste man das für jedes einzelne Jahr neu berechnen. Hierfür gibt es die Zinseszins-Rechnung.

Formel

$$Endkapital_{Laufzeit} = Anfangskapital \cdot Zinsfaktor^{Laufzeit}$$

$$K_n = K_0 \cdot q^n = K_0 \cdot \left(1 + \frac{p}{100}\right)^n$$

Beispiel

Wie groß ist das Endkapital, wenn man 10.000 € für 5 Jahre zu 3,4% Zinssatz anlegt?

$$K_5 = 10.000\,€ \cdot \left(1 + \frac{3,4}{100}\right)^5 = 10.000\,€ \cdot 1,034^5 = 11.819,60\,€$$

7.5 Brutto – Netto – Tara

Begriffserklärungen

- **Brutto:** der Wert vor der Veränderung. z.B. vor Abzug der Steuer.
- **Netto:** der Wert nach der Veränderung. z.B. nach Abzug der Steuer.
- **Tara:** Differenz zwischen Brutto und Netto. Meist bei Gewicht.
- **Skonto:** Nachlass auf einen Preis, wenn innerhalb einer bestimmten Frist bezahlt wird.
- **Rabatt:** Freiwilliger Nachlass auf einen Preis vom Händler gewährt.

8 Maße und Einheiten

8.1 Länge, Fläche und Raum

LÄNGENMAßE

- Die Umrechnung von einer Längeneinheit zu einer nächsten geschieht mit dem Faktor 10.
- Ausnahme m → km = 1.000

1km = 1.000 m = 10.000 dm = 100.000 cm = 1.000.000 mm

0,001 km = **1 m** = 10 dm = 100 cm = 1.000 mm

0,0001 km = 0,1 m = **1 dm** = 10 cm = 100 mm

0,00001 km = 0,01 m = 0,1 dm = **1 cm** = 10 mm

0,000001 km = 0,001 m = 0,01 dm = 0,1 cm = **1mm**

FLÄCHENMAßE

- Die Umrechnung von einer Flächeneinheit zu einer nächsten geschieht mit dem Faktor 100.
- Ausnahme m^2 → km^2 = 1.000.000

$1km^2 = 1.000.000\ m^2$

$1m^2 = 100\ dm^2 = 10.000\ cm^2 = 1.000.000\ mm^2$

$0,01\ m^2 = 1\ dm^2 = 100\ cm^2 = 10.000\ mm^2$

$0,0001\ m^2 = 0,01\ dm^2 = 1\ cm^2 = 100\ mm^2$

$0,000001\ m^2 = 0,0001\ dm^2 = 0,01\ cm^2 = 1\ mm^2$

RAUMMAßE

- Die Umrechnung von einer Flächeneinheit zu einer nächsten geschieht mit dem Faktor 1000.
- Ausnahme $m^3 \rightarrow km^3 = 1.000.000.000$

$1\ l = 0,001\ m^3 = 1\ dm^3 = 1.000\ cm^3 = 1.000.000\ mm^3$

8.2 Masse und Gewichte

1 kg = 1.000 g = 1.000.000 mg

0,001 kg = 1 g = 1.000 mg

0,000001 kg = 0,001 g = 1 mg

8.3 Andere & alte Einheiten

LÄNGEN

1 Fuß ca. 30 cm*

1 Elle ca. 60 cm*

1 Astronomische Einheit (AE – *durchschnittliche Entfernung Sonne - Erde*) = 149.597.870.700 m

1 Lichtjahr (Lj – *die Entfernung, die das Licht in einem Jahr zurücklegt*) = 9,46 Billionen km

1 Zoll = 1 Inch = 2,54 cm

1 Meile = 1609,344 m = 1,609344 km

1 Seemeile = 1852,0 m = 1,852 km

1µm (Mikrometer) = 0,001 mm

1nm (Nanometer) = 0,001 µm = 0,000001 mm

FLÄCHEN

1 Hektar (ha) = 100 a = 10.000 m^2

1 Ar (a) = 100 m^2

---

* historisch, veraltet

Volumen

1 Milliliter (ml) = 0,001 l

1 Zentiliter (cl) = 0,01 l

1 Deziliter (dl) = 0,1 l

1 Hektoliter (hl) = 100 l

Massen & Gewichte

1 Tonne (t) = 1.000 kg

1 Pfund = 500 g = 0,5 kg

1 Zentner = 50 kg (in Österreich 100 kg)*

1 Doppelzentner = 100 kg (Österreich: 200 kg)

Mengen

1 Dutzend = 12

Halbes Dutzend = 6

1 Gros = 12 Dutzend = 144 Stück

1 Schock = 60 Stück (z.B. Eier)

1 Paar = 2 (Großschreibung beachten)

* In Deutschland wurde das Zentner vom Pfund, in Österreich vom Kilogramm aus gerechnet.

8.4 Maßstab

Definition

Als Maßstab bezeichnet man das Verhältnis zwischen der Größe der Abbildung und der Größe in der Wirklichkeit. Dabei kann es sich um eine Vergrößerung oder eine Verkleinerung handeln.

Formel

$$Einheit\ in\ der\ Zeichnung : Einheit\ in\ der\ Wirklichkeit$$

Verkleinerung

$$1:n$$

Vergrößerung

$$n:1$$

Originalgröße

$$1:1$$

Anwendungsbeispiele

1. *Eine Landkarte hat den Maßstab 1:20.000. Das bedeutet, dass 1cm auf der Karte 20.000cm in der Wirklichkeit sind; also sind 1cm = 200m.*
2. *Der Schaltplan eines Microcomputers ist im Maßstab 200:1 gehalten. 200cm auf dem Plan sind 1cm im Computer; 1cm = 0,005cm (oder 0,05mm).*

9 Rechnen mit Termen

Terme (Achtung, Therme mit „h“ sind auch schön, haben aber nichts mit Mathematik zu tun, sondern mit warmen Wasser) sind Rechenaufgaben, die eine etwas schwierigere Aufgabe einfach darstellen und viele einzelne Rechenschritte vermeiden sollen.

Einfaches Beispiel

Berechne die Fläche eines Kreuzes. Hierzu müsstest du das Kreuz in einzelne kleine Rechtecke zerlegen und jedes Rechteck einzeln berechnen. Das ist kompliziert.

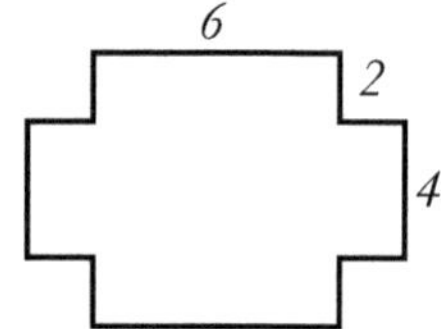

$$6 \cdot 2 = 12$$

$$2 \cdot 4 = 8$$

$$6 \cdot 4 = 24$$

$$2 \cdot 12 + 2 \cdot 8 + 24 = 64$$

Beispiel mit einer Unbekannten

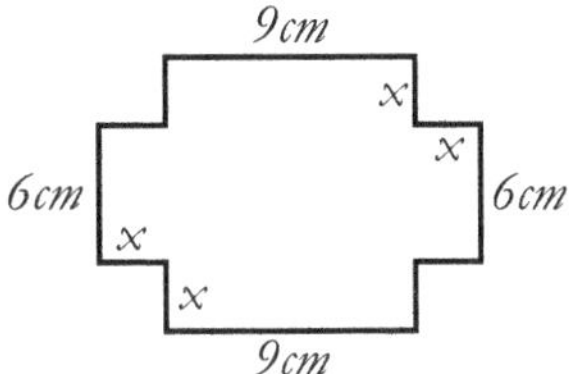

Wenn jetzt ein Teil des Kreuzes unbekannt ist, dann setzt man hierfür den Buchstaben x ein. Das Beispiel links zeigt ein Kreuz, dessen eine Länge unbekannt ist. Die anderen Längen sind einmal doppelt so lang wie die Unbekannte, die andere dreimal so lang.

Passende Fragen könnten sein:

- *Wenn x = 4cm, wie groß ist die Fläche (oder der Umfang)?*
- *Wenn der Umfang 54cm beträgt, wie groß ist dann x?*

9.1 Schreibweisen bei Termen

Kommt eine Unbekannte (Variable) mehrmals vor, so wird sie einfach gezählt. Das Mal-Zeichen kann dann weggelassen werden.

Beispiel

$$7 \cdot x = 7x$$

9.2 Schritte bei der Termaufstellung

1. Aufgabe genau anschauen. Was ist die Unbekannte?
2. Wie oft kommen dieselben Werte und die Unbekannte vor?
3. Welche Rechenoperationen müssen verwendet werden? Gibt es eine bekannte Formel?

Beispiel (s.o.)

1. Die Unbekannte (Variable) lautet x.
2. Diese kommt in dem Kreuz 8 Mal vor.
3. Um den Umfang des Kreuzes zu berechnen verwende ich die Formel
$$U = 2 \cdot a + 2 \cdot b + 8 \cdot c$$

a und b sind im dem Kreuz bekannt, c wird mit x angegeben.

Also setze ich ein:

$$a = 9cm; b = 6cm; c = x$$

Damit lautet mein Term

$$U = 2 \cdot 9cm + 2 \cdot 6cm + 8x$$

Jetzt kann ich berechnen

a) **den Umfang**, wenn mir x mit 4cm gegeben wird
$$U = 2 \cdot 9cm + 2 \cdot 6cm + 8 \cdot 4cm = 54cm$$

b) **x**, wenn mir der Umfang mit 54cm gegeben wird
Hierzu muss der Term erst vereinfacht und dann umgeformt werden. (s. folgende Kapitel)

9.3 Terme vereinfachen

Aufgabe des Vereinfachens

Vor der Umformung können Terme vereinfacht werden. Das heißt, Rechenoperationen, die schon möglich sind, werden auch gerechnet, damit der Term nicht mehr so groß ist.

Beispiel

Folgender Term ist gegeben (Umfang eines Kreuzes – s.o.):

$$U = 2 \cdot 9cm + 2 \cdot 6cm + 8x$$

Gegeben ist U = 54cm. Also setzen wir das gleich mal in den Term ein.

$$54cm = 2 \cdot 9cm + 2 \cdot 6cm + 8x$$

Beim Vereinfachen werden mögliche Rechenschritte schon einmal durchgeführt, damit der Term übersichtlicher wird. Dabei müssen alle Rechenregeln beachtet werden.

$$54cm = 2 \cdot 9cm + 2 \cdot 6cm + 8x$$

$$54cm = 18cm + 12cm + 8x$$

$$54cm = 30cm + 8x$$

9.4 Terme umformen

Aufgabe des Umformens

Um die Unbekannte (Variable) ausrechnen zu können, müssen Terme umgeformt werden. Mit Hilfe der Rechengesetze *(s. o. „Rechengesetze")* werden die Einzelnen Zahlen so verschoben (umgeformt), dass die Variable alleine auf einer Seite des Terms steht.
Man muss den Term wie eine Waage betrachten, die immer im Gleichgewicht stehen muss. Nimmt man auf der einen Seite der Waage etwas weg oder fügt etwas hinzu, muss man auf der anderen Seite genau dieselbe Menge wegnehmen oder hinzufügen, damit die Waage im Gleichgewicht bleibt.

- Auf beiden Seiten des Gleichheitszeichens (=) muss immer dieselbe Rechenoperation durchgeführt werden! (an die Waage denken!)
- Die Rechenoperation, die man auf beiden Seiten durchführen will, wird am Rand der Zeile nach einem senkrechten Strich (|) hingeschrieben.
- Bei Termen mit Klammern, werden die Klammern ausmultipliziert.

$$3 \cdot (7 + x) \text{ wird zu } 21 + 3x$$

Vorzeichen beachten!

$$-(5 + x) \text{ wird zu } -5 - x$$
$$-(5 - x) \text{ wird zu } -5 + x$$

Beispiel (s.o.)

Folgender Term soll umgeformt werden, damit man ausrechnen kann, wie viel x ist.

$$54cm = 30cm + 8x$$

Als erstes müssen wir die 30cm auf der rechten Seite wegbekommen. Das erreichen wir, indem wir von beiden Seiten vom = 30cm abziehen.

$$54cm = 30cm + 8x \qquad |-30cm$$
$$54cm - 30cm = 30cm - 30cm + 8x$$
$$24cm = 8x$$

Im zweiten Schritt müssen wir aus den 8x nur 1x machen. Das erreichen wir, indem wir die 8x durch 8 teilen. Das muss natürlich auf beiden Seiten durchgeführt werden.

$$24cm = 8x \qquad |:8$$
$$24cm : 8 = 8x : 8$$
$$3cm = x$$

Und schon wissen wir, wie große x ist. Nämlich 3cm.

10 Geometrie – Winkel

Definition

Wenn sich zwei Strecken oder Geraden kreuzen, dann erzeugen sie 4 Winkel. Die jeweils gegenüberliegenden Winkel sind immer gleich groß.

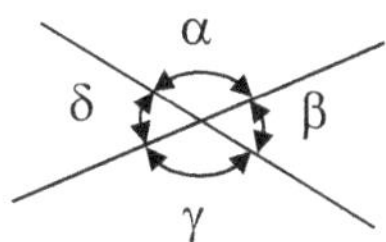

Benennungen

Die Winkel werden mit griechischen Buchstaben „durchnummeriert“. Die ersten 5 Buchstaben des griechischen Alphabets lauten:

α	β	γ	δ	ε
Alpha	Beta	Gamma	Delta	Epsilon

Das gesamte griechische Alphabet findest du im Anhang

Die Einheit für Winkel ist

Grad

Das Symbol ist ein kleiner hochgestellter Kreis: °

10.1 Spitzer Winkel

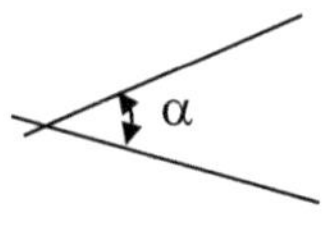

Definition

Ein spitzer Winkel ist immer kleiner als 90°

10.2 Rechter Winkel

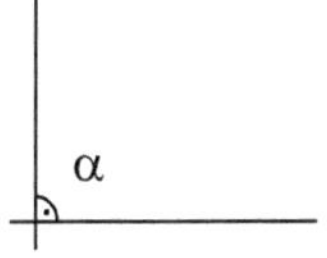

Definition

Ein rechter Winkel beträgt genau 90°. Das Kennzeichen für einen rechten Winkel ist ein Bogen mit einem Punkt.

10.3 Stumpfer Winkel

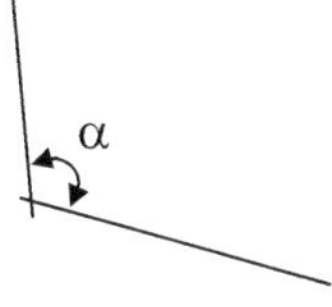

Definition

Ein stumpfer Winkel ist größer als 90° und kleiner als 180°

10.4 Gestreckter Winkel

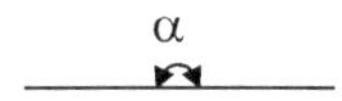

Definition

Ein gestreckter Winkel hat genau 180°.

10.5 Überstumpfer Winkel

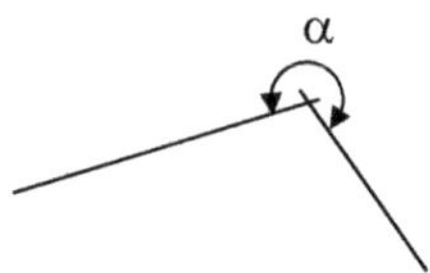

Definition

Ein überstumpfer Winkel ist größer als 180° und kleiner als 360°.

10.6 Vollwinkel

Definition

Ein Vollwinkel hat einen Winkel von genau 360°; voller geht es nicht.

11 Geometrie: Gerade, Strecke, Parallele, Senkrechte, Punkt

11.1 Gerade

Definition

Grob gesagt: eine Gerade ist eine Linie die gerade verläuft. Sie hat keinen Anfang und kein Ende. Es wird also immer nur ein Ausschnitt der Geraden gezeichnet.

Die Gerade ist:

1. unendlich lang
2. unendlich dünn (darum immer ganz spitzen Bleistift verwenden!)
3. gerade

Benennung

Geraden werden mit Kleinbuchstaben benannt. In der Regel fängt man mit „g“ an zu buchstabieren.

Beispiel

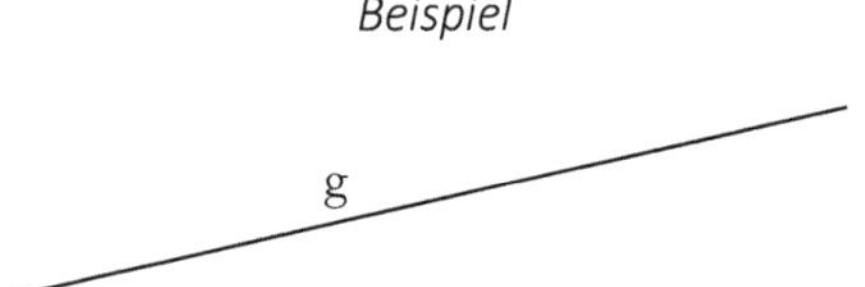

11.2 Strecke

Definition

Eine Strecke ist ein Abschnitt aus einer Geraden und hat einen Anfangs- und einen Endpunkt.

Sie ist also:

1. endlich lang und hat somit eine messbare Länge
2. unendlich dünn (spitzer Bleistift!)
3. gerade

Benennung

Strecken werden mit den Buchstaben ihrer Anfangs- und Endpunkte benannt und sind in eckigen Klammern. [AB]
Die Länge der Strecke wird mit einem Querstrich über den Buchstaben gekennzeichnet. $\overline{AB}$

Beispiel

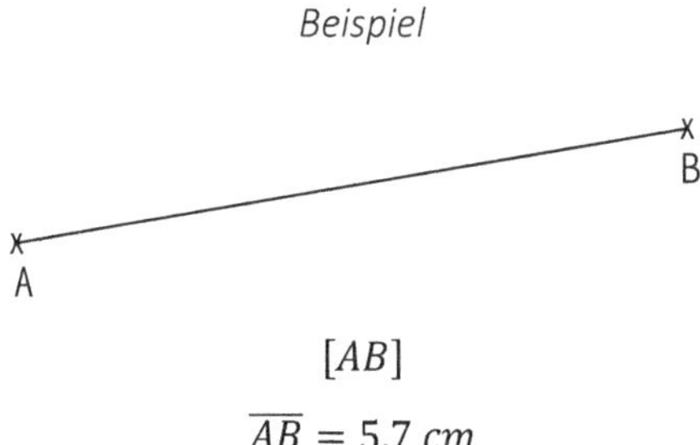

$[AB]$

$\overline{AB} = 5{,}7\ cm$

11.3 Halbgerade

Definition

Eine Halbgerade ist eine Mischung aus einer Geraden und einer Strecke. Sie hat also einen Anfangspunkt, geht in die andere Richtung aber unendlich weiter.

Benennung

Das Symbol für eine Halbgeraden ist eine eckige Klammer am Anfangs- oder Endpunkt.

$$[AB \qquad \text{oder} \qquad AB]$$

Beispiel

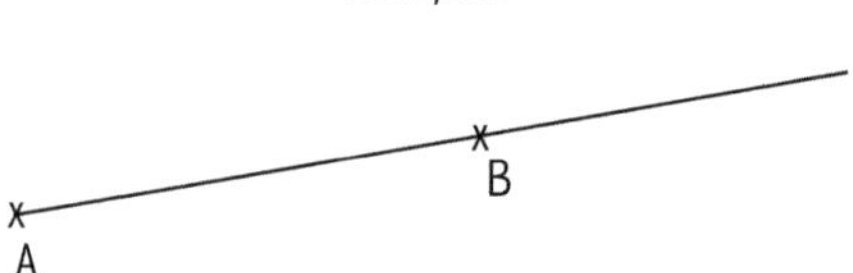

Die Halbgerade beginnt bei A und geht durch B durch. Benannt wird sie also $[AB$

11.4 Parallele

Definition

Zwei Geraden oder zwei Strecken sind parallel, wenn an jeder Stelle (jedem Punkt) der Geraden oder Strecke der genau gegenüberliegende Punkt der anderen Geraden oder Strecke immer gleich weit entfernt ist. Parallele Geraden werden sich niemals irgendwo im ganzen Universum kreuzen.

Symbol

Das Symbol, dass zwei Geraden oder Strecken als parallel bezeichnet, ist zwei gerade Striche.

$||$

Beispiel

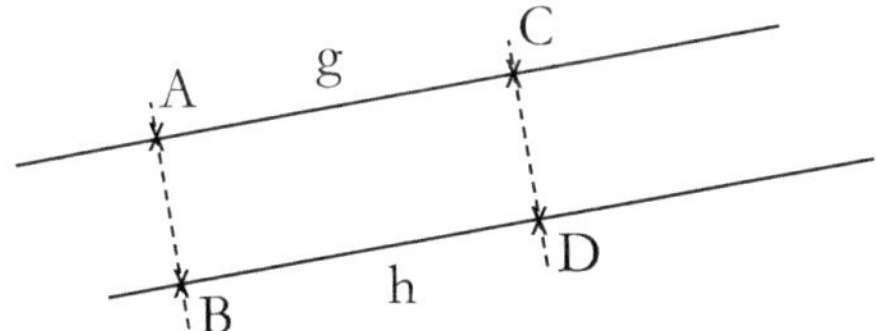

$$\overline{AB} = \overline{CD}$$

11.5 Senkrechte

Definition

Eine Gerade oder Strecke nennt man Senkrechte, wenn sie eine andere Gerade oder Strecke genau im Winkel von 90° kreuzt (schneidet).

Symbol

Das Symbol entspricht einem umgekehrten T.

$\perp$

Beispiel

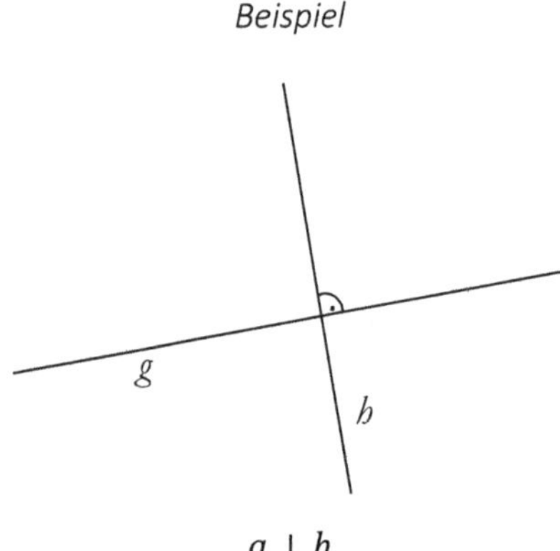

$g \perp h$

11.6 Punkt

Definition

Der Punkt ist ein beliebiger Ort in der Ebene (also auf dem Blatt Papier) oder im Raum. Der Punkt hat keine Ausdehnung und hat also eine Länge, Breite und Höhe von 0.
In einem Koordinatensystem kann der Punkt durch seine Position entlang der x-, y-Achse (Ebene) und z-Achse (im Raum) angegeben werden.

Symbol

Für den Punkt selber gibt es kein Symbol. Um einen Punkt zu kennzeichnen, macht man mit einem spitzen Bleistift ein kleines Kreuz (X).
Punkte werden mit Großbuchstaben benannt. In der Regel beginnt man mit A.
Die Koordinaten, wenn vorhanden, werden in Klammern hinter dem Buchstaben angegeben.

$$A(x - Achse; y - Achse[; z - Achse])$$

12 Geometrie - Flächen

Die Berechnung von Flächeninhalten, Umfängen und Rauminhalten ist eine wichtige Disziplin in der Mathematik, die auch im täglichen Leben immer wieder Anwendung findet. Reicht die Fläche auf dem Tisch aus? Wie viele Pfosten muss ich um mein Grundstück setzen? Passen alle Koffer in den Kofferraum? Der eine probiert stundenlang rum, der Schlaufuchs rechnet das in Windeseile aus und weiß Bescheid – ohne zu schwitzen.

12.1 Rechteck

Definition

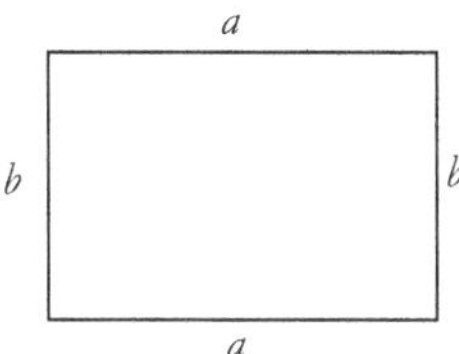

1. Ein Rechteck hat vier Seiten.
2. Die gegenüberliegenden Seiten sind immer gleich lang.
3. Alle Winkel im Rechteck haben 90°

UMFANG

Der Umfang eines Rechtecks ist die Summe aller Seiten.

$$U_R = a + a + b + b = 2 \cdot a + 2 \cdot b$$

FLÄCHENINHALT

Die Fläche eines Rechtecks ist das Produkt aus zwei aneinandergrenzenden Seiten.

$$A_R = a \cdot b$$

Definitionen

- Die Summe aller Innenwinkel eines Rechtecks beträgt 360°.
- Die Summe der jeweils gegenüberliegenden Winkel beträgt 180°.

Formel

$$\alpha + \beta + \gamma + \delta = 360°$$

12.2 Quadrat

Definition

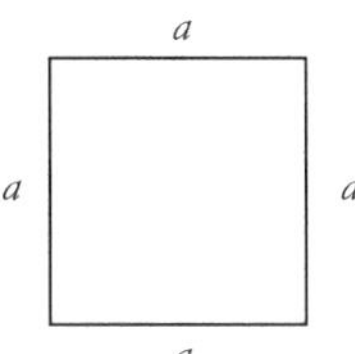

1. Ein Quadrat hat vier Seiten.
2. Alle Seiten sind gleich lang.
3. Alle Winkel im Quadrat haben 90°

UMFANG

Der Umfang des Quadrats ist die Summe aller Seiten.

$$U_Q = a + a + a + a = 4 \cdot a$$

FLÄCHENINHALT

Als besonderes Rechteck ist auch beim Quadrat die Fläche das Produkt aus zwei Seiten.

$$A_Q = a \cdot a = a^2$$

Definitionen

- Die Summe aller Innenwinkel eines Quadrats beträgt 360°.
- Die Summe der jeweils gegenüberliegenden Winkel beträgt 180°.

Formel

$$\alpha + \beta + \gamma + \delta = 360°$$

12.3 Parallelogramm

Definition

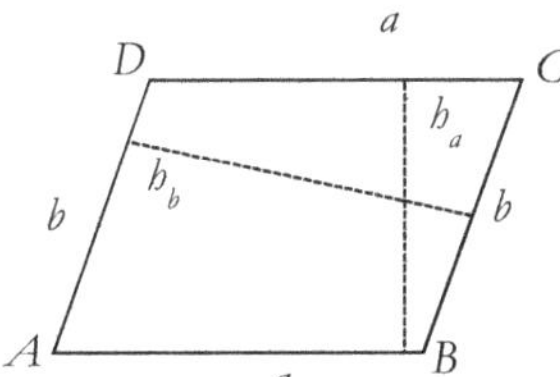

1. Ein Parallelogramm hat vier Seiten
2. Die gegenüberliegenden Seiten sind gleichlang.
3. Kein Winkel innerhalb des Parallelogramms hat 90°
4. Die gegenüberliegenden Winkel sind gleichgroß.
5. Die Höhe einer Seite steht senkrecht zu dieser und ist der Abstand zwischen den beiden gegenüberliegenden Seiten

UMFANG

Der Umfang eines Parallelogramms ist die Summe aller Seiten.

$$U_P = a + a + b + b = 2 \cdot a + 2 \cdot b$$

FLÄCHENINHALT

$$A_P = a \cdot h_a \text{ oder } A_P = b \cdot h_b$$

Definitionen

- Die Summe aller Innenwinkel eines Parallelogramms beträgt 360°.
- Gegenüberliegende Winkel ergeben immer in der Summe 180°.

Formel

$$\alpha + \beta + \gamma + \delta = 360°$$

12.4 Trapez

Definition

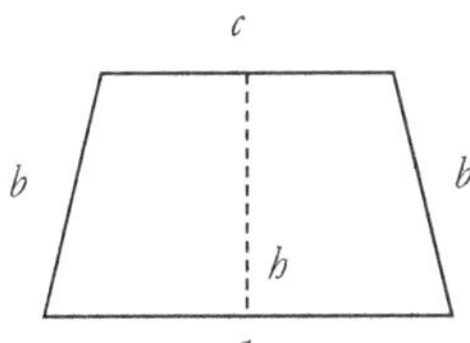

1. Ein Trapez hat vier Seiten
2. Nur zwei der Seiten sind parallel, aber nicht gleich lang.
3. Höchstens zwei Winkel innerhalb des Trapezes können 90° betragen.
4. Die Summe aller Winkel im Trapez ist 180°

UMFANG

Der Umfang eines Trapezes (U_T) berechnet sich aus der Summe aller Seiten

$$U_T = a + b + c + b$$

$$U_T = a + 2 \cdot b + c$$

FLÄCHENINHALT

$$A_T = \frac{1}{2} \cdot (a + c) \cdot h$$

Definitionen

- Die Summe aller Innenwinkel eines Trapezes beträgt 360°.
- Die Summe der jeweils gegenüberliegenden Winkel beträgt 180°.

Formel

$$\alpha + \beta + \gamma + \delta = 360°$$

12.5 Dreiecke

FORMEN

unregelmäßiges spitzwinkliges Dreieck

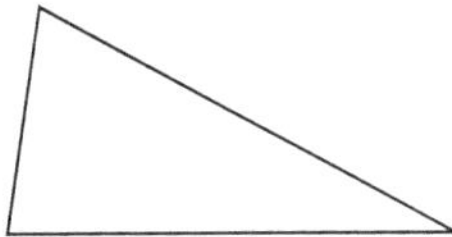

1. drei unterschiedlich lange Seiten
2. der alle Winkel sind kleiner als 90° und damit spitz

unregelmäßiges rechtwinkliges Dreieck

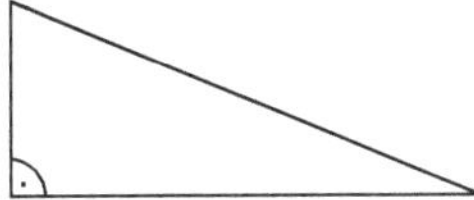

1. alle drei Seiten sind unterschiedlich lang
2. ein Winkel ist genau 90°
3. die beiden Schenkel am rechten Winkel heißen *Kathete*
4. gegenüber des rechten Winkels ist die *Hypotenuse*

unregelmäßiges stumpfwinkliges Dreieck

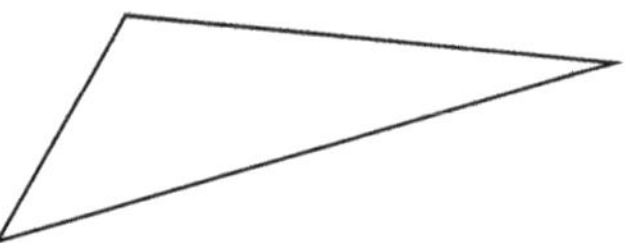

1. alle drei Seiten sind unterschiedlich lang
2. ein Winkel ist größer als 90°

gleichschenkliges spitzwinkliges Dreieck

1. Zwei Schenkel des Dreiecks sind gleich lang
2. Diese beiden Schenkel bilden einen Winkel kleiner als 90°

gleichschenkliges rechtwinkliges Dreieck

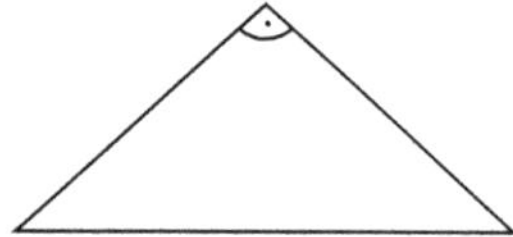

1. Zwei Schenkel des Dreiecks sind gleich lang
2. Diese beiden Schenkel bilden einen Winkel mit genau 90°

gleichschenkliges stumpfwinkliges Dreieck

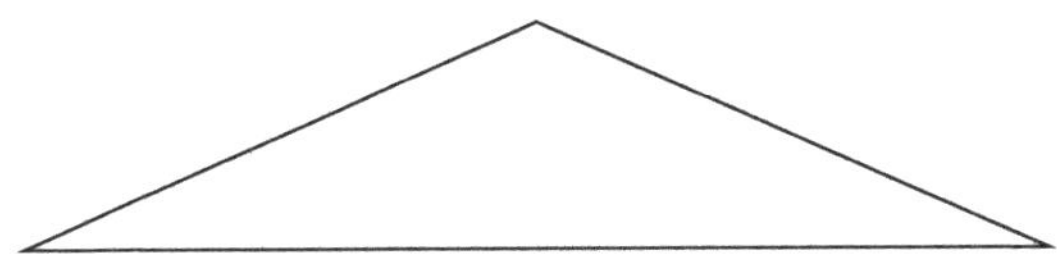

1. Zwei Schenkel des Dreiecks sind gleich lang
2. Diese beiden Schenkel bilden einen Winkel größer als 90°

gleichseitiges Dreieck

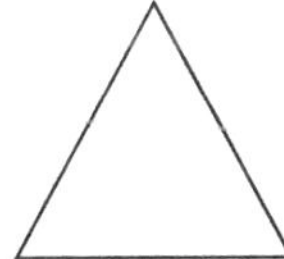

1. alle drei Seiten sind genau gleich lang
2. alle Winkel im Dreieck betragen genau 60°

12.6 Rechnen rund ums Dreieck

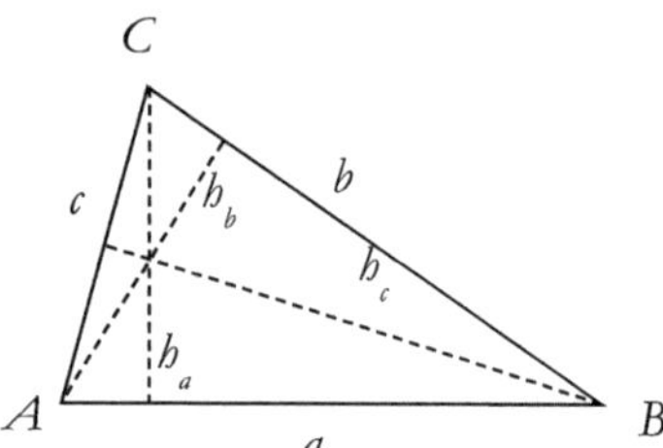

Umfang eines Dreiecks

Der Umfang eines Dreiecks (U_D) berechnet sich aus der Summe aller Seiten.

$$U_D = a + b + c$$

Flächeninhalt eines Dreiecks

$$A_D = \frac{1}{2} \cdot a \cdot h_a \text{ oder}$$

$$A_D = \frac{1}{2} \cdot b \cdot h_b \text{ oder}$$

$$A_D = \frac{1}{2} \cdot c \cdot h_c$$

Definition

Die Summe aller Winkel in einem Dreieck ergeben immer 180°.

Berechnung

$$\alpha + \beta + \gamma = 180°$$

12.7 Der Satz des Pythagoras

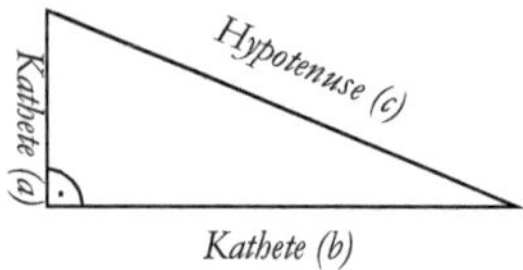

Definition

Addiert man die beiden gedachten Quadrate über den Katheten eines rechtwinkligen Dreiecks, ist die Fläche beider Quadrate zusammen genauso groß wie das gedachte Quadrat über der Hypotenuse.

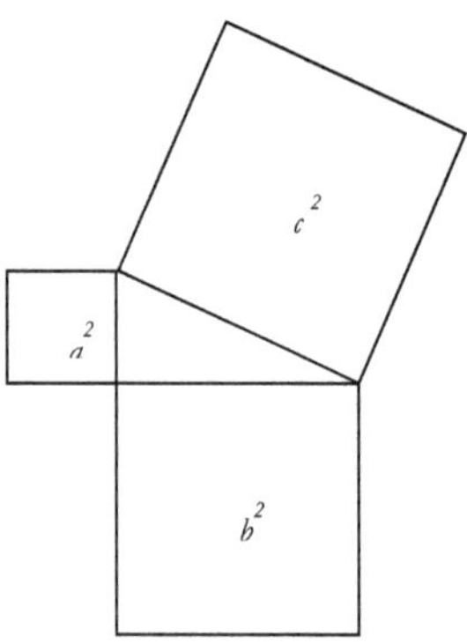

Formel

$$a^2 + b^2 = c^2$$

BERECHNUNG VON C

$$c = \sqrt{a^2 + b^2}$$

BERECHNUNG VON A

$$a = \sqrt{c^2 - b^2}$$

BERECHNUNG VON B

$$b = \sqrt{c^2 - a^2}$$

12.8 Der Kreis

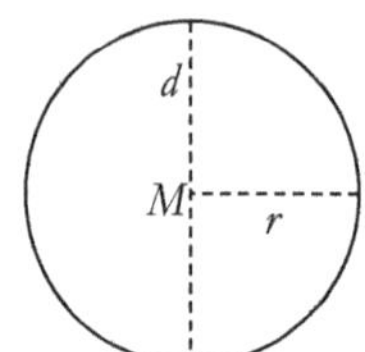

Der Kreis ist eine geometrische Figur, bei der jeder beliebige Punkt auf der Kreislinie denselben Abstand zu einem bestimmten Punkt hat. Dieser Punkt heißt Mittelpunkt (*M*) Der Abstand zwischen Mittelpunkt und Kreislinie nennt man Radius (r).

Die Linie von einem Ende der Kreislinie durch den Mittelpunkt hindurch zum anderen Ende der Kreislinie heißt Durchmesser (d). Der Durchmesser ist also der doppelte Radius.

Für das Rechnen mit dem Kreis benötigen wir die Kreiszahl π. Diese ist ca. 3,14159.

Umfang

$$U_K = 2 \cdot r \cdot \pi$$

und weil der Radius der halbe Durchmesser ist kann man auch rechnen

$$U_K = d \cdot \pi$$

Flächeninhalt

$$A_K = r^2 \cdot \pi$$

13 Geometrie – Körper und Hohlmaße

Nimmt man eine beliebige Fläche und dreht diese um eine Achse oder verschiebt diese in eine Richtung, entsteht ein Körper, der – im Gegensatz zur Fläche – keinen Flächeninhalt, sondern einen Rauminhalt besitzt.

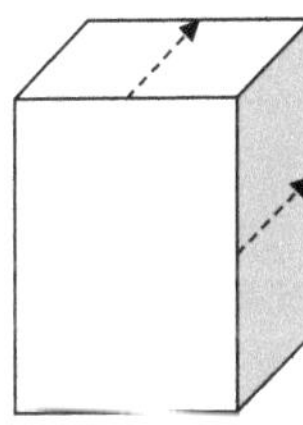

Bei dem Körper links, wurde das Rechteck gleichmäßig nach hinten verschoben, es entsteht somit ein Quader.

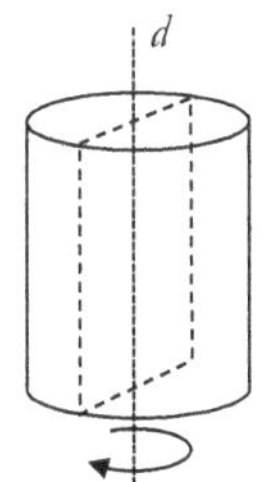

Nimmt man dasselbe Rechteck und dreht es um seine Achse (*d*), entsteht ein Zylinder

Nimmt man einen Kreis und dreht ihn um seinen Durchmesser, entsteht eine Kugel.

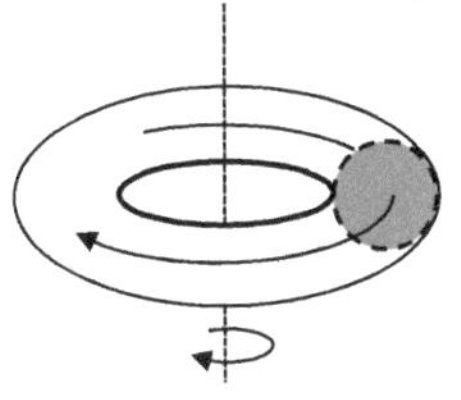

Verschiebt man die Achse vom Durchmesser nach außerhalb des Kreises, umschreibt der Kreis einen Donut – so lecker kann Geometrie sein.

Das Volumen wird mit hochgestellter 3 angezeigt. z.B. m^3 für Kubikmeter.

13.1 Quader

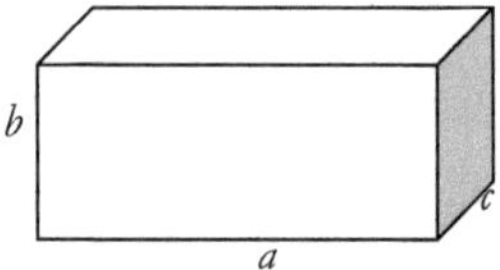

Seiten	Kanten	Ecken
6	12	8

VOLUMEN

$$V_Q = a \cdot b \cdot c$$

OBERFLÄCHENINHALT

$$O_Q = 2 \cdot a \cdot b + 2 \cdot a \cdot c + 2 \cdot b \cdot c$$

$$O_Q = 2(a \cdot b + a \cdot c + b \cdot c)$$

GITTERNETZE (BEISPIELE)

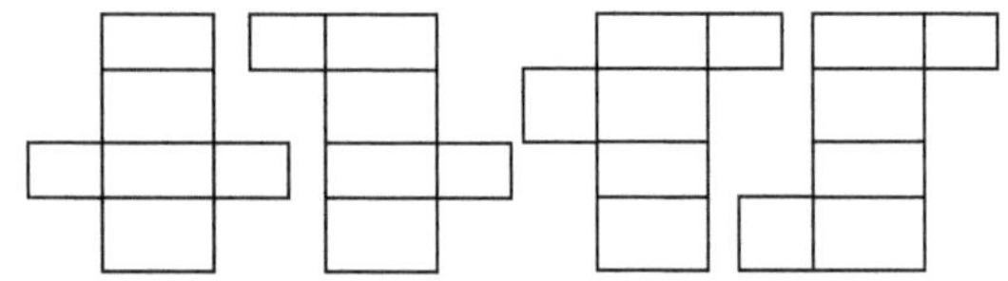

13.2 Würfel

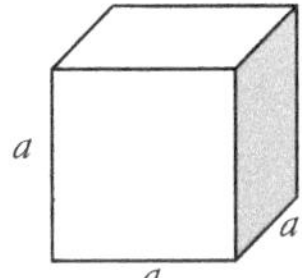

Seiten	Kanten	Ecken
6	12	8

VOLUMEN

$$V_W = a \cdot a \cdot a$$

$$V_W = a^3$$

OBERFLÄCHENINHALT

$$O_W = 6 \cdot a \cdot a = 6a^2$$

GITTERNETZTE (BEISPIELE)

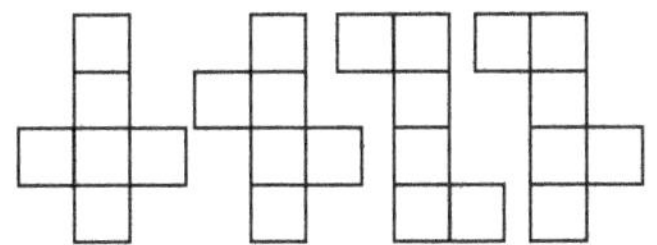

13.3 gerades Dreiecksprisma

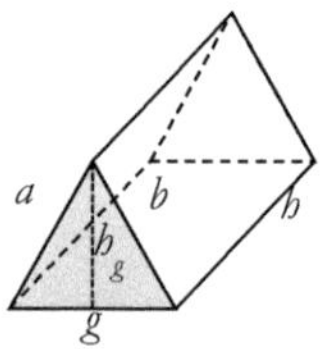

Seiten	Kanten	Ecken
5	9	6

Volumen

$$V_P = Grundfläche \cdot Höhe = \frac{1}{2}g \cdot h_g \cdot h$$

Oberflächeninhalt

$$O_P = 2 \cdot Grundfläche + Seite\ a + Seite\ b + Seite\ g$$

$$O_P = 2 \cdot \frac{1}{2} \cdot g \cdot h_g + a \cdot h + b \cdot h + g \cdot h$$

$$O_P = g \cdot h_g + h \cdot (a + b + g)$$

Gitternetze (Beispiele)

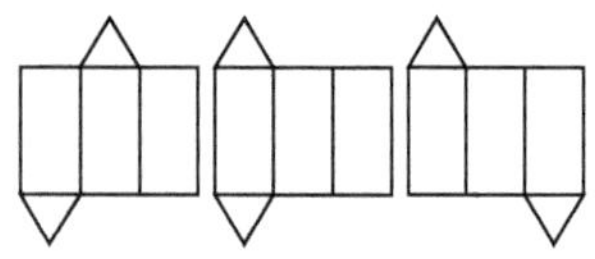

13.4 gerades Rautenprisma

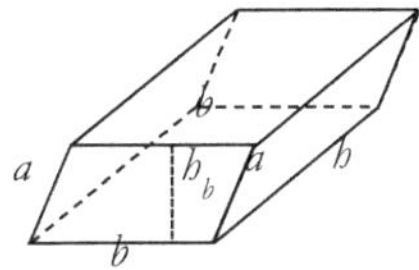

Seiten	Kanten	Ecken
6	12	8

Volumen

$$V_P = Grundfläche\ (G) \cdot Höhe(h)$$

$$V_P = b \cdot h_b \cdot h$$

Oberflächeninhalt

$$O_P = 2 \cdot Grundfläche + 2 \cdot a \cdot h + 2 \cdot b \cdot h$$

$$O_P = 2 \cdot b \cdot h_b + h \cdot (2 \cdot a + 2 \cdot b)$$

Gitternetze (Beispiele)

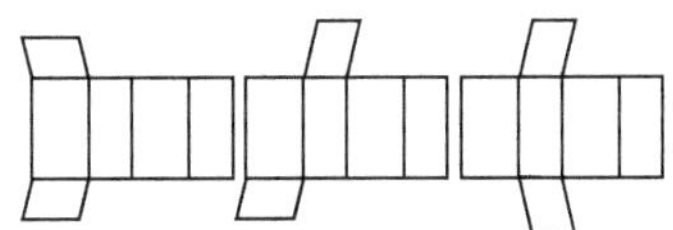

13.5 gerades Prisma mit Trapez als Grundfläche

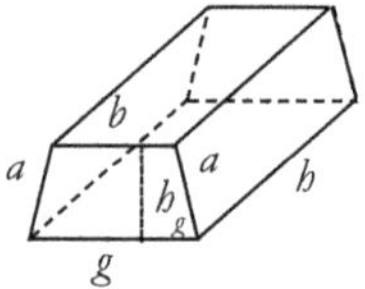

VOLUMEN

$$V_P = Grundfläche \cdot Höhe$$

$$V_P = \frac{1}{2} \cdot (g + b) \cdot h_g \cdot h$$

OBERFLÄCHENINHALT

$$O_P = 2 \cdot Grundfläche + 2 \cdot Seite\ a + Seite\ b + Seite\ g$$

$$O_P = (g + b) \cdot h_g + 2 \cdot (a \cdot h) + b \cdot h + g \cdot h$$

GITTERNETZE (BEISPIELE)

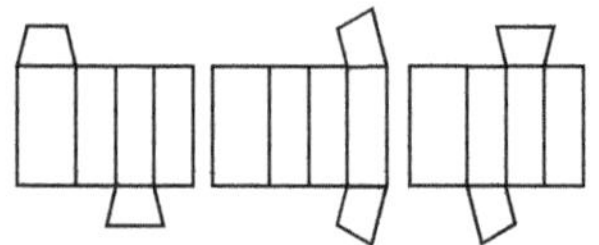

13.6 Zylinder

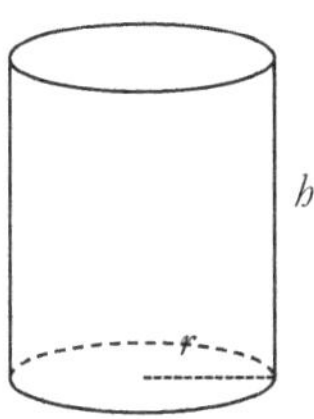

Volumen

$$V_Z = Grundfläche \cdot Höhe$$

$$V_Z = r^2 \cdot \pi \cdot h$$

Oberflächeninhalt

$$O_Z = 2 \cdot Grundfläche + Mantelfläche$$

$$O_Z = 2 \cdot Grundfläche + Kreisumfang \cdot Höhe$$

$$A_Z = 2 \cdot r^2 \cdot \pi + 2 \cdot r \cdot \pi \cdot h$$

Gitternetz (Beispiel)

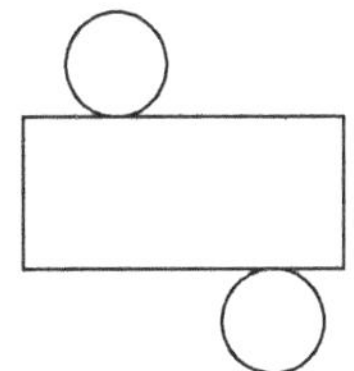

13.7 gerade Pyramide

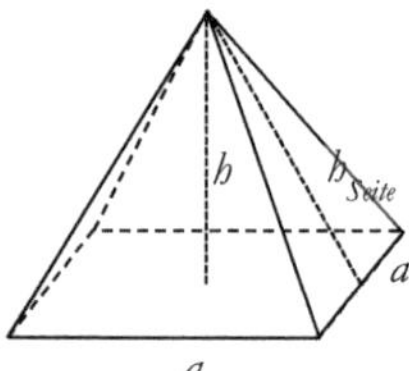

Volumen

Für alle Pyramiden, egal welche Grundfläche, gilt die Formel:

$$V_{Py} = \frac{1}{3} \cdot Grundfläche \cdot Höhe$$

$$V_{Py} = \frac{1}{3} \cdot G \cdot h$$

Oberflächeninhalt

$$O_{Py} = Grundfläche + n \cdot \left(\frac{1}{2} \cdot a \cdot h_{Seite}\right)$$

n ist die Anzahl der Seiten der Grundfläche. Bei einem Quadrat als Grundfläche ist *n=4*. Bei einem Dreieck ist *n=3* u.s.w.

13.8 Kegel

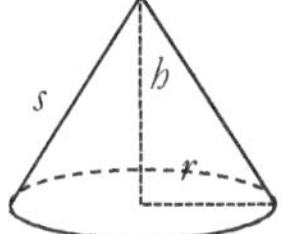

Volumen

$$V_{Ke} = \frac{1}{3} \cdot Grundfläche \cdot Höhe$$

$$V_{Ke} = \frac{1}{3} \cdot G \cdot h = \frac{1}{3} \cdot r^2 \cdot \pi \cdot h$$

Oberflächeninhalt

$$O_{Ke} = Grundfläche + Mantelfläche$$

$$O_{Ke} = r^2 \cdot \pi + r \cdot s \cdot \pi$$

weil $s = \sqrt{r^2 + h^2}$ (Satz des Pythagoras), gilt auch

$$O_{Ke} = r^2 \cdot \pi + r \cdot \sqrt{r^2 + h^2} \cdot \pi$$

14 Anhänge

14.1 Multiplikationstabelle 1•1 bis 20 • 20

•	1	2	3	4	5	6	7	8	9	10	11	12	13	14	15	16	17	18	19	20
1	**1**	2	3	4	5	6	7	8	9	10	11	12	13	14	15	16	17	18	19	20
2	2	**4**	6	8	10	12	14	16	18	20	22	24	26	28	30	32	34	36	38	40
3	3	6	**9**	12	15	18	21	24	27	30	33	36	39	42	45	48	51	54	57	60
4	4	8	12	**16**	20	24	28	32	36	40	44	48	52	56	60	64	68	72	76	80
5	5	10	15	20	**25**	30	35	40	45	50	55	60	65	70	75	80	85	90	95	100
6	6	12	18	24	30	**36**	42	48	54	60	66	72	78	84	90	96	102	108	114	120
7	7	14	21	28	35	42	**49**	56	63	70	77	84	91	98	105	112	119	126	133	140
8	8	16	24	32	40	48	56	**64**	72	80	88	96	104	112	120	128	136	144	152	160
9	9	18	27	36	45	54	63	72	**81**	90	99	108	117	126	135	144	153	162	171	180
10	10	20	30	40	50	60	70	80	90	**100**	110	120	130	140	150	160	170	180	190	200
11	11	22	33	44	55	66	77	88	99	110	**121**	132	143	154	165	176	187	198	209	220
12	12	24	36	48	60	72	84	96	108	120	132	**144**	156	168	180	192	204	216	228	240
13	13	26	39	52	65	78	91	104	117	130	143	156	**169**	182	195	208	221	234	247	260
14	14	28	42	56	70	84	98	112	126	140	154	168	182	**196**	210	224	238	252	266	280
15	15	30	45	60	75	90	105	120	135	150	165	180	195	210	**225**	240	255	270	285	300
16	16	32	48	64	80	96	112	128	144	160	176	192	208	224	240	**256**	272	288	304	320
17	17	34	51	68	85	102	119	136	153	170	187	204	221	238	255	272	**289**	306	323	340
18	18	36	54	72	90	108	126	144	162	180	198	216	234	252	270	288	306	**324**	342	360
19	19	38	57	76	95	114	133	152	171	190	209	228	247	266	285	304	323	342	**361**	380
20	20	40	60	80	100	120	140	160	180	200	220	240	260	280	300	320	340	360	380	**400**

14.2 Das griechische Alphabet

α	Alpha
β	Beta
γ	Gamma
δ	Delta
ε	Epsilon
ζ	Zeta
η	Eta
θ	Theta
ι	Iota
κ	Kappa
λ	Lambda
μ	My

ν	Ny
ξ	Xi
ο	Omikron
π	Pi
ρ	Rho
σ	Sigma
τ	Tau
υ	Ypsilon
φ	Phi
χ	Chi
ψ	Psi
ω	Omega

15 Inhalt

Notizen und eigene Formeln